L’avenir de la vie sur Terre

Collection
« Les petites conférences »
dirigée par Gilberte Tsaï

Hubert Reeves

L'avenir de la vie sur Terre

bayard

ISBN 978-2-227-48525-9

18, rue Barbès, 92128 Paris

Entre 1929 et 1932, Walter Benjamin rédigea pour la radio allemande des émissions destinées à la jeunesse. Récits, causeries, conférences, elles ont été réunies plus tard sous le titre de Lumières pour enfants.

Gilberte Tsaï a décidé de reprendre ce titre pour désigner les « petites conférences » qu'elle organise chaque saison et qui s'adressent aux enfants (à partir de dix ans) comme à ceux qui les accompagnent. À chaque fois, il n'est question que d'éclairer, d'éveiller. Ulysse, la nuit étoilée, les dieux, les mots, les images, la guerre, Galilée... les thèmes n'ont pas de limites mais il y a une règle du jeu, qui est que les orateurs s'adressent effectivement aux enfants, et qu'ils le fassent hors des sentiers battus, dans un mouvement d'amitié traversant les générations.

Comme l'expérience a pris, l'idée est venue tout naturellement de transformer ces aventures orales en petits livres. Telle est la raison d'être de cette collection.

Dans un de ses films, le cinéaste Woody Allen déclare : « Il y a quatre grandes questions : d'où venons-nous, qui sommes-nous, où allons-nous, et il ajoute : qu'est-ce qu'on va manger ce soir ? » Évidemment, c'est du Woody Allen. Mais la question de savoir comment on va nourrir l'humanité dans trente, quarante ou cinquante ans, est extrêmement sérieuse. Il est important de le savoir afin que les conditions de vie sur la planète dans quelques décennies soient aussi bonnes qu'elles le sont pour nous maintenant. C'est notre devoir d'œuvrer à ce que tous les hommes puissent vivre demain aussi bien que nous actuellement. C'est un point essentiel.

J'aurais pu intituler cette conférence « Astronomie et écologie ». Quel rapport existe-t-il entre l'astronomie et l'écologie ? Ce sont deux chapitres d'une même histoire qui est la nôtre. L'astronomie, le premier chapitre, nous dit ce qui s'est passé dans le monde, dans le domaine des étoiles et des galaxies, pour que nous soyons ici aujourd'hui. Cela fait partie des grandes découvertes de la science moderne : nous sommes des poussières d'étoile, les étoiles sont nos grand-mères. Le deuxième chapitre, c'est l'écologie : comment demeurer sur Terre dans de bonnes conditions ? Rendre compte des menaces qui pèsent sur l'avenir de l'humanité permet d'être mieux armé pour les affronter. Nous devons essayer de faire en sorte que ces dangers soient pris en compte. Il est important de connaître ce qui se fait dans le monde pour préserver l'avenir.

Ouvrons donc le premier chapitre et commençons par cette première question : d'où venons-nous ? L'astronomie nous a appris une chose très importante qu'on ne savait pas jusqu'à il y a quatre cent ans, avant que nous découvrions comment utiliser un télescope grâce à Galilée. Quatre cent ans, ce n'est pas très long à l'échelle de l'humanité qui existe depuis cent mille ans au moins. Galilée a regardé la Lune, Jupiter, Vénus, les planètes, et il a découvert une chose fondamentale : la planète Terre n'est pas le centre du monde, elle est toute petite, absolument minuscule et orbite autour d'une étoile très ordinaire, comme il en existe des milliards, et que nous appelons Soleil. Une galaxie est un grand nombre d'étoiles qui tournent autour d'un centre, et qui s'étend très loin dans l'espace. Nous habitons une galaxie appelée la Voie lactée. La Lune tourne autour de la Terre en un mois, la Terre tourne autour du Soleil en un an, le Soleil tourne autour de la Voie lactée en cent millions d'années. La dernière fois que le Soleil était où il se trouve aujourd'hui, ce n'était pas des êtres humains qui habitaient sur Terre mais des dinosaures. Cela vous donne une idée de l'immensité de l'espace.

Notre Soleil est une petite étoile située quelque part à la frontière de la galaxie, nous sommes un peu dans la banlieue de celle-ci. Mais nous avons aussi découvert qu'il existe une quantité gigantesque de galaxies, au moins cent milliards. Voilà à quoi ressemble notre univers, dans lequel nous sommes entrés le jour de notre naissance: cent milliards d'étoiles dans une galaxie, au moins cent milliards de galaxies dans l'univers. Pourquoi « au moins » ? Parce que l'univers ressemble à un archipel, ces galaxies à des îles. C'est une des grandes découvertes de la science moderne: nous ne voyons pas l'univers, gigantesque, un peu comme la mer que nous apercevons uniquement jusqu'à l'horizon, ce qui, dans le passé, a pu laisser penser qu'elle s'arrêtait là. De la même façon, il existe un horizon au-delà duquel nous ne pouvons pas voir l'univers, qui continue pourtant très loin, qui compte des milliards d'étoiles et des milliards de planètes.

Évidemment, tous nous voulons savoir si nous sommes seuls dans l'univers. Existe-t-il autour d'autres étoiles – dans d'autres galaxies que la nôtre – d'autres planètes sur lesquelles il y aurait des gens qui, comme nous, se posent cette question ? Cela fait des milliers d'années que les humains regardent le ciel, en se demandant si, autour de ces étoiles, il existe des planètes comme celles qui gravitent autour du Soleil, et si, sur l'une ou l'autre de ces planètes, il ne se trouverait pas des personnes en train de regarder le ciel. La réponse à cette question nous ne la connaissons pas, nous n'avons aucune preuve de l'existence d'autres civilisations, d'autres planètes habitées par des humains ou des animaux. Nous faisons des recherches, nous bâtissons des télescopes de plus en plus puissants, nous essayons d'écouter. S'il y avait des planètes habitées autour des étoiles que nous pouvons voir la nuit, si leurs habitants avaient développé des technologies, disposaient de la télévision, d'antennes de radio, de satellites artificiels, on pourrait peut-être recevoir leurs émissions. Nous avons passé beaucoup de temps à écouter ainsi, à l'aide de grandes antennes, d'éventuels messages. L'absence de réponse ne prouve pas qu'il n'y a personne, seulement que nous n'avons peut-être pas écouté assez longtemps, ou sur les bonnes ondes radio. Cela reste un des problèmes les plus intéressants de notre époque : y a-t-il d'autres planètes habitées ? Et si oui, traversent-elles des périodes difficiles comme la nôtre, la Terre ?

Mon opinion, c'est qu'il existe beaucoup de planètes habitées, beaucoup de gens qui ont bâti des télescopes, qui rencontrent des problèmes écologiques, similaires aux nôtres, dans leur développement et que nous parviendrons peut-être un jour à entrer en communication avec eux. Ce serait formidable de recevoir des images des télévisions qui viendraient d'autres planètes avec des gens qui ont vécu des choses complètement différentes. Le problème, c'est que les communications sont lentes car nous communiquons avec des ondes électromagnétiques, exactement les mêmes ondes que celles de la télévision, qui vont à la vitesse de la lumière. La lumière fait trois cent mille kilomètres par seconde, cela veut dire qu'elle peut faire le tour de la terre quarante fois en une seconde, cela donne une idée de sa vitesse. Elle va à la Lune en une seconde, elle va au Soleil en huit minutes. Mais les premières étoiles, celles qu'on voit brillantes à l'œil nu, sont à cette échelle à quatre, cinq, dix, cent années-lumière.

Qu'est-ce que c'est une année-lumière ? C'est le trajet que fait la lumière en un an. À trois cent mille kilomètres par seconde, une année-lumière, c'est dix-huit mille milliards de kilomètres. Les premières étoiles sont à quatre, cinq, six années-lumière. Mais les galaxies sont à des millions d'années-lumière, ce qui veut dire que si on voulait avoir une conversation avec les étoiles les plus rapprochées, le message qu'on leur enverrait mettrait quatre ans et demi à leur parvenir. La réponse viendrait quatre ans et demi plus tard encore, car il faudrait que la lumière refasse le même trajet. On aurait une conversation un peu lente, neuf années pour une conversation aller-retour ! Mais c'est ainsi : bien que la lumière aille très vite, l'univers est tellement grand qu'à son échelle, on peut dire que la lumière avance comme une tortue. Les espoirs d'entrer en conversation avec des civilisations lointaines sont faibles, nous sommes bloqués justement par le fait que la lumière, malgré tout, ne va pas aussi vite que cela.

Je vais maintenant aborder un autre chapitre de l'astronomie. Les sciences, avec les télescopes, les microscopes, les accélérateurs, étudient le monde, elles essaient de voir comment s'est fait le monde, comment il fonctionne. Avec ces instruments, nous avons découvert des choses que nous ne connaissions pas auparavant et que nous ne pouvions pas soupçonner. Par exemple au sujet des étoiles. Cela fait longtemps que nous les voyons. Les êtres humains les plus anciens, il y a cent ou deux cent mille ans, admiraient de beaux cieux étoilés beaucoup plus lumineux que ceux que nous connaissons car la pollution lumineuse n'existait pas. Les êtres humains étaient très familiers de ces cieux étoilés, cela faisait partie de leur vie et ils se demandaient où étaient en réalité les étoiles qu'ils voyaient. Impossible en effet de savoir si elles étaient proches ou lointaines. Pendant des milliers d'années, les gens ont débattu, certains disaient qu'avec un grand bâton, on pourrait presque les toucher, d'autres disaient qu'elles étaient très loin. Ce n'est qu'il y a un siècle à peu près que nous savons ce qu'est une étoile.

Nous avons aussi découvert cette chose fantastique : les étoiles font partie de notre vie. Nous sommes des poussières d'étoiles. Qu'est-ce que cela veut dire ? Grâce aux sciences, nous avons découvert que les étoiles ont fabriqué les atomes dont nous sommes constitués, le carbone, l'azote, l'oxygène. Quand vous palpez votre corps, vous touchez des tissus faits de molécules qui sont faits d'atomes, et ces atomes sont surtout de l'oxygène, de l'hydrogène, du carbone, de l'azote et plusieurs autres. Voilà la découverte la plus importante depuis Galilée : ces atomes dont nous sommes faits ont été fabriqués par des étoiles qui ont vécu bien avant nous, qui sont nées, qui sont mortes et qui ont rejeté dans l'espace des atomes. C'est précisément ce que je vais développer : la naissance et la mort des étoiles, grâce aux résultats récents en astronomie.

Ces étoiles dont nos lointains ancêtres se demandaient où elles se trouvaient, nous savons à présent mesurer leur distance, à l'aide de très bonnes échelles. Je vais vous montrer de beaux paysages de la naissance, de la vie et de la mort des étoiles. Le Big bang marque le début de l'histoire de l'univers, il y a 13,7 milliards d'années. Et avant ? Cela fait partie de ces nombreuses questions sans réponse en science. Je vous en ai déjà cité une autre : sommes-nous seuls dans l'univers ? Je vous ai donné mon opinion, mais nous n'avons aujourd'hui aucune preuve qu'il existe d'autres civilisations. De la même façon, nous pouvons raconter l'histoire depuis ce que nous appelons le Big bang, et nous n'avons aucun renseignement sur ce qu'il y avait avant. Les scientifiques travaillent beaucoup pour résoudre ce problème, mais pour l'instant, l'exploration du passé de l'univers grâce à l'astronomie, grâce aux instruments, aux télescopes et aux accélérateurs qui reproduisent les conditions de l'univers ancien, ne nous donne aucune information. Quand je dis que nous ne savons rien, cela ne veut pas dire que nous ne saurons jamais rien. La science travaille, elle évolue, nous apprenons des choses nouvelles continuellement. Il faut considérer ce travail comme celui des explorateurs qui allaient sur les îles, les continents, au Pôle Sud ou en Australie, mais ne dépassaient pas un certain point. De la même manière, nous explorons le territoire du temps, mais pour l'instant, nous ne pouvons pas aller au-delà d'un certain point. Les préhistoriens essayent de savoir comment nos ancêtres vivaient dans un lointain passé, il y a dix mille ans, cent mille ans, un million d'années. Ils accumulent de plus en plus d'informations car ils peuvent effectuer des fouilles un peu partout sur la planète, se rendre à un endroit où il reste des choses bâties par nos ancêtres de ces périodes. Cela peut être des cendres, des bois de renne, des silex taillés... Ils savent par exemple comment le feu a été fait pour la première fois, comment nos ancêtres enterraient leurs morts. Ces scientifiques reconstruisent ainsi le passé à partir de quelques vestiges. Pour dire quelque chose sur le passé, il faut des preuves, ce sont des fossiles, des restes, quelque chose... Dans l'univers aussi, il nous faut trouver des preuves, des fossiles, évidemment ni des os sculptés ni des bois de renne, mais des rayonnements, des atomes, des éléments du cosmos qui nous permettent de reculer dans le temps jusqu'à 13,7 milliards d'années... pour l'instant.

Il faut aussi faire cette distinction : la science n'est pas la vérité, c'est ce qu'il y a de plus crédible à un moment donné. Dans quelques années, nous apprendrons peut-être des choses nouvelles qui nous permettront de remettre en question certaines de nos conclusions actuelles. Le scénario le plus crédible aujourd'hui, c'est celui du Big bang et il n'y a rien en ce moment qui le conteste, il n'y a pas d'observation qui le remette sérieusement en question. Cela pourra venir, nous sommes toujours dans une relation de précarité en science. Demain, des découvertes nouvelles nous conduiront peut-être à réviser ce que nous avons dit. Je veux insister sur cet aspect, à savoir que la science n'est pas une révélation, ce n'est pas une « vérité » comme on en trouve dans les différentes religions. Il ne s'agit pas de croire, il faut regarder les preuves et se laisser convaincre ou non. La science est un domaine de doutes, il faut toujours remettre en question, avancer avec le plus de prudence possible. Pour l'instant, nous pouvons dire que nous sommes des poussières d'étoiles. Ce qui signifie que nos corps sont faits d'atomes qui n'existaient pas il y a 13,7 milliards d'années dans le Big bang, mais qui se sont formés après coup dans des étoiles.

Au centre d'une étoile, il fait très chaud. Au centre du Soleil, il fait quinze millions de degrés, plus chaud que dans une bombe atomique. Il existe des étoiles à l'intérieur desquelles la température atteint cent millions de degrés, un milliard de degrés. À cause de cette chaleur, ces étoiles sont de véritables réacteurs, dans lesquels des réactions nucléaires se produisent comme dans une bombe nucléaire. Un des résultats est que ces étoiles sont des usines à produire des atomes, tout au long de leur vie. En été, au mois d'août, quand le ciel est noir, qu'il n'y a pas trop de lumière, on aperçoit la Voie lactée, une grande bande blanche qui traverse le ciel. De nouvelles étoiles se forment là chaque année, ce qui fait de la Voie lactée une sorte de pouponnière. Comment se forment les étoiles ? Une nébuleuse est constituée de poussières et de gaz, d'hydrogène. L'effondrement de cet ensemble gazeux sur lui-même crée de nouvelles étoiles. C'est la matière placentaire qui va former les étoiles. Au sein d'une nébuleuse de la galaxie, il y a de petites formes d'éperons, précisément des lieux d'accouchement d'étoiles. Lorsqu'une étoile est éjectée de sa mère, elle commence à briller. Ces pouponnières, ces lieux d'apparition des étoiles, donnent trois naissances par année dans chaque galaxie, et dans l'univers des milliards continuellement.

Notre Soleil est une étoile qui est née il y a quatre milliards cinq cent millions d'années. C'est assez tard par rapport à l'univers vieux de 13,7 milliards d'années : il avait déjà huit milliards d'années quand le Soleil est apparu. C'est un phénomène continu : des générations d'étoiles vivent, naissent et meurent. Tout au long de leur vie, des réactions nucléaires ont lieu, en leur centre où il fait très chaud, et les font briller. Elles émettent de la lumière grâce à ces réactions nucléaires, exactement comme dans un réacteur nucléaire. Ce qui ne veut pas dire que je suis en faveur de l'énergie nucléaire civile, ce sont deux choses totalement différentes et deux débats. Au contraire, je ne suis pas du tout partisan de l'énergie nucléaire civile, je pense qu'il faut s'en débarrasser le plus vite possible. Je crois que le nucléaire est bon pour les étoiles, mais il n'est pas nécessairement bon pour nous.

Mais revenons à notre Soleil. Il y a longtemps que les étoiles se forment, depuis la naissance de la galaxie pratiquement, et que tout au long de leur vie, elles créent des atomes. Ainsi, le Soleil crée de l'hélium (celui qu'on utilise pour gonfler les ballons), à partir de l'hydrogène qui est en son centre, puis du carbone, de l'azote, et de l'oxygène qui sont les éléments les plus importants pour nous car ce sont les atomes utilisés pour la vie. Tous les vivants quels qu'ils soient, depuis les éléphants jusqu'aux puces, ou aux fougères, utilisent tous comme atomes de construction du carbone, de l'oxygène, de l'azote et plusieurs autres atomes qui sont nés à l'intérieur des étoiles.

Une étoile meurt quand elle a épuisé sa réserve d'énergie. Le Soleil par exemple est fait d'hydrogène, il le brûle au sens nucléaire du terme, cela lui donne de l'énergie, et puis après un certain temps, dans cinq milliards d'années – donc ce n'est pas un problème pour nous, nous avons des problèmes plus sérieux que la mort du Soleil – il aura épuisé ses réserves et mourra. Voici une étoile qui est déjà vieille, le Soleil est à demi-vie. Dans le ciel, nous pouvons voir des étoiles à toutes les étapes de leur formation, en train de naître, de vivre, ou de mourir. C'est un peu comme dans la forêt où vous pouvez croiser des arbres nouveaux, des arbres au milieu de leur vie, de vieux arbres et des arbres morts. Toutes les étapes de la vie sont représentées dans une forêt. De la même façon, dans le ciel, l'astronomie nous permet de donner l'âge d'une étoile, à quel point elle est avancée, ce qu'elle est en train de fabriquer. Aujourd'hui, cette science nous apprend beaucoup de choses sur notre passé, sur les chapitres anciens de notre vie, c'est-à-dire la naissance, la vie et la mort des étoiles qui ont été nécessaires pour que nous soyons là. S'il n'y avait pas eu dans notre galaxie les atomes de carbone, d'azote et d'oxygène, nous ne serions pas là.

Pour fabriquer la vie, il fallait qu'il y ait de l'eau sur Terre, de l'hydrogène et de l'oxygène, du gaz carbonique, des atomes formés dans les étoiles. Les étoiles qui ont formé ces atomes tout au long de leur existence, les rejettent à la fin de leur vie dans l'espace et c'est là qu'ils pourront être utilisés pour autre chose. La question est de savoir comment les atomes qui ont été préparés dans les étoiles ont été jetés à l'extérieur pour pouvoir être utilisés. L'étoile meurt en rejetant sa matière, elle se vide grâce à des vents très puissants qui repoussent les couches supérieures de l'étoile contenant les éléments que l'étoile a fabriqués tout au long de sa vie. En astronomie, les couleurs sont des signatures. Chaque atome qui part dans l'espace émet une couleur spécifique : le vert est de l'oxygène, le rose ou brun-rouge de l'azote et de l'hydrogène. On peut ainsi observer les deux étapes de la vie d'une étoile, sa naissance, au bout d'un éperon dans une nébuleuse, et quelques milliards d'années plus tard, sa mort et la matière qu'elle rejette dans l'espace.

Le Soleil va mourir d'une lente agonie qui va s'étendre sur quelques millions d'années. Il y a des étoiles qui meurent d'une façon beaucoup plus explosive, qui produisent des explosions gigantesques. Ce sont de grosses étoiles que l'on appelle des supernovas. Il y en a une qui a explosé le 4 juillet de l'an 1054. Ce matin-là, des astrologues chinois et japonais avaient pour mission d'observer tout ce qui se passait d'étrange dans le ciel et d'en faire le rapport à l'empereur de Chine. Ils ont laissé des archives où nous apprenons qu'il y a mille ans, ils ont vu apparaître dans le ciel une étoile très brillante, pas aussi brillante que la pleine lune mais presque. Immédiatement, ils sont allés annoncer à l'empereur qu'une étoile venait de naître. En fait, nous savons à présent qu'elle ne venait pas de naître mais d'exploser et de mourir. Ils ont pu suivre cette étoile pendant plusieurs mois, brillante au début, puis pâlissant, faiblissant progressivement, pour n'être finalement plus visible que la nuit et après quelques années, être complètement invisible. Ils ont laissé des cartes du ciel où ils ont noté l'endroit où ils avaient vu cette étoile. Avec les télescopes dont nous disposons depuis un siècle et demi, nous avons pu regarder dans la direction donnée par ces astrologues. C'est une supernova, une explosion gigantesque; qui a dégagé tous les débris de l'étoile et dans lesquels on retrouve tous les éléments chimiques. Maintenant nous avons des catalogues extrêmement pointus qui nous précisent quel est l'atome qui émet telle lumière, sa température, son champ magnétique, sa pression. Nous pouvons identifier ce qui s'est passé, même lors d'une explosion qui s'est produite il y a près de trente mille ans. Il ne reste que des débris d'étoile mais il y là les atomes qui ont été fabriqués à l'intérieur de l'étoile et qui continuent à se répandre, à se disperser dans l'espace, qui pourront servir plus tard à faire d'autres étoiles, d'autres planètes, d'autres terres, peut-être d'autres êtres vivants. Les atomes de notre corps ont ainsi été quelque part dans l'espace il y a plusieurs milliers d'années. Lorsque nous touchons notre corps, nous touchons des débris d'étoiles. Vous voyez comment les étoiles nous racontent notre passé.

Un autre phénomène extrêmement violent se produit dans l'univers et joue également un rôle très important, ce sont les collisions de galaxies, un phénomène d'une influence énergétique absolument faramineuse. Il existe des milliards de galaxies qui, à l'occasion, entrent en collision. Que se passe-t-il alors entre ces deux entités qui ne sont pas solides comme des boules de billard mais gazeuses, comme des nuages ? Elles s'interpénètrent et produisent une quantité énorme de nouvelles étoiles. Tout cela a eu comme résultat de fabriquer beaucoup d'atomes et, un beau jour, de faire apparaître une planète, la Terre. La collision a pour effet d'augmenter la formation de ces étoiles, or nous savons que ces étoiles sont de grandes productrices d'oxygène. 90 % de notre corps environ est fait d'oxygène. Une bonne partie de l'oxygène de nos corps est née à l'occasion d'une collision de galaxies qui a eu lieu bien avant la naissance du soleil, qui a provoqué la naissance de nouvelles étoiles qui ont fabriqué de l'oxygène qui a ensuite fait partie d'autres étoiles, comme le Soleil. Nous pouvons dire que nous venons de très loin. Cette collision a peut-être eu lieu il y a dix milliards d'années. Les restes, les fossiles, existent aujourd'hui à l'intérieur de nous. Voilà le résumé de ce que la science nous apprend de notre passé céleste, sur les rapports que nous entretenons avec les étoiles, ce que nous ignorions complètement il n'y a pas plus de deux cent ans, lorsque nous nous demandions encore si les étoiles étaient proches ou lointaines. Nous n'avions aucune idée qu'en regardant le ciel, nous admirions les lieux où se sont déroulés les événements qui nous ont formés.

Ouvrons maintenant notre second chapitre. De la question : « D'où venons-nous ? », passons à celle-ci : « Où allons-nous ? » Nous quittons le ciel, nous revenons sur Terre, mais avec une autre information donnée par l'astronomie : la Terre n'est pas infinie. Pendant longtemps, on pensait que les réserves étaient illimitées, en charbon, en métaux et nous avons exploité la planète rapidement. Le premier à avoir découvert que la Terre n'est pas infinie, vivait il y a à peu près deux mille ans, deux cents ans avant Jésus Christ. Ératosthène a eu le premier l'idée que la Terre était ronde. Il a réussi à mesurer son rayon avec une très grande précision, presque à 10 % près, à partir de cette simple observation : au Sud de l'Égypte, le soleil à midi au mois de juin est visible au fond des puits, tandis qu'en Grèce, le soleil n'est jamais tout à fait au-dessus, il est toujours un peu de côté. Nous savions donc que la Terre est une boule et que la planète n'est pas infinie depuis deux mille ans, mais nous nous rendons compte maintenant de ce que cela signifie puisque c'est la source de nos problèmes actuels. Nous, humains, avons une influence à l'échelle de la planète, c'est-à-dire que nous détériorions notre planète du fait de notre nombre et de notre intelligence : nous sommes l'espèce qui peut bâtir de grosses machines, qui peut couper le plus de forêts, pêcher le plus de poissons, qui peut, qui peut... Nous avons un impact tel qu'aujourd'hui, il est à l'échelle de la planète et il nous menace.

Nos satellites nous offrent des images de notre planète, les lumières des autoroutes, des villes. En jaune, les éclairages électriques, en rouge, les puits de pétrole, les torchères de méthane qui brûlent. Une parenthèse : l'aurore boréale est la seule lumière qui n'est pas fabriquée par les êtres humains. Les aurores boréales sont créées par le vent du Soleil, qui frappe la haute atmosphère. Les cosmonautes en orbite peuvent donc constater que notre influence s'étend sur la planète entière. Ils peuvent même apercevoir, en vert, une zone où des bateaux de pêche attrapent les poissons. En quelques heures, ils prennent plus de poissons qu'on en pêchait avant pendant des siècles. C'est une pêche miraculeuse qui n'a qu'un seul défaut : elle est en train de vider les océans. Aujourd'hui, nous pêchons deux fois plus de poissons qu'il ne s'en reproduit. Quand je dis que la Terre n'est pas infinie, voilà précisément ce que cela veut dire. Nous pouvons augmenter la puissance des bateaux de pêche mais il y a une limite que nous ne pouvons pas dépasser, la quantité de poissons dans la mer. À présent, notre avenir est menacé par le fait que nous touchons aux limites de ce que peut nous donner notre planète. Rappelons-nous la phrase de Woody Allen : « Que va-t-on manger ce soir ? » Dans trente ans, ce sera très problématique. Les pêches sont en déclin, les terres se stérilisent de plus en plus rapidement...

De même, nous sommes en train de déforester la planète, les forêts équatoriale et amazonienne sont en déclin rapide. Nous avons brûlé la moitié du pétrole. Le pétrole s'est fabriqué sur la terre par la biodégradation des forêts, pendant cent millions d'années. En un siècle, au XXe siècle, nous avons vidé la moitié du pétrole et nous nous acheminons vers la fin de l'ère du pétrole, sans savoir pour l'instant par quoi nous allons le remplacer. Brûler du pétrole émet du gaz carbonique, ce n'est pas quelque chose de dangereux en soi, ce sont les bulles que vous avez dans le Coca Cola, les boissons gazeuses ou dans le champagne. Ces petites bulles ne sont pas un poison, elles n'ont qu'un seul défaut : le gaz carbonique retient la chaleur du soleil. Nos voitures émettent continuellement du gaz carbonique, les bâtiments qui nous réchauffent émettent continuellement du gaz carbonique. Où va-t-il ? Dans l'air, dans l'atmosphère. Cent kilomètres d'atmosphère, c'est tout ce que nous avons, et dans cette couche d'atmosphère la densité du gaz carbonique que nous émettons augmente de plus en plus car nous avons de plus en plus de voitures et de chauffage. Depuis 1950, la quantité de gaz carbonique émise par les humains grimpe en flèche, donc la quantité de ce gaz dans l'atmosphère. Avec quelle conséquence ? Un effet de serre. Une serre, nous savons ce que c'est. Nous plaçons une pièce de verre sur nos primeurs, sur nos plantations, ou nous les mettons dans la serre où il fait plus chaud qu'à l'extérieur. C'est précisément ce qui se passe sur la Terre : la température grimpe progressivement. Comme la Terre se réchauffe, cela fait fondre les glaces, au Groenland par exemple, ou en Alaska. La glace qui fond est moins dense que l'eau, et l'eau fondue fait monter le niveau de la mer.

Voilà donc une autre découverte récente des sciences : l'espèce humaine saccage sa planète. Comment s'y prend-elle ? Par l'agriculture productiviste, par exemple les pesticides répandus sur les champs pour avoir de meilleures récoltes. Résultat : nous voyons décroître rapidement les quantités d'hirondelles, et les petits organismes du sol comme les vers de terre. Quand j'étais enfant au Canada, près des grands lacs du Québec, les grenouilles nous empêchaient de dormir le matin tellement elles coassaient. A présent, les grenouilles sont en disparition rapide, les papillons également. Nous éliminons des centaines d'espèces chaque année. Notre impact sur la planète est tout à fait catastrophique. Mais il ne faut pas se laisser décourager, car un peu partout, des mouvements voient le jour pour essayer de sauver des habitats, des plantes et des animaux, de réintroduire les espèces disparues ; de plus en plus d'êtres humains s'investissent, de grandes conférences sont organisées pour tenter d'améliorer la situation. Nous commençons à prendre conscience de ce qui se passe, des progrès se font mais il en faudra encore beaucoup, et aujourd'hui nous ignorons ce que sera l'avenir.

L'astronomie nous a raconté notre passé, comment nous sommes reliés aux étoiles, comment nous pouvons faire remonter notre histoire dans l'espace et dans le temps jusqu'à des collisions de galaxies. Grâce à tout cela, une planète s'est faite sur laquelle la vie est née. Sur cette planète, une espèce s'est développée, la nôtre, plus puissante, plus intelligente que toutes les autres, mais qui a un impact à l'échelle de la planète. Nous devons aujourd'hui essayer de garder cette planète en bon état malgré toutes ces menaces. Il nous faut être vigilants. Que faut-il faire ? Disponibles dans n'importe quelle librairie, des petits livres qui décrivent les gestes pour sauver la planète, expliquent comment épargner l'eau, comment recycler... Il y a vingt ans, quand je faisais des conférences sur l'écologie dans des lycées et collèges, au Canada ou en France, quelques étudiants polis venaient car cela leur permettait d'éviter le cours de mathématiques ;

aujourd'hui, je parle devant des salles pleines de jeunes très impliqués qui insistent auprès de la direction de leur collège pour avoir de la nourriture bio, du recyclage. Il y a une prise de conscience des jeunes très encourageante, que je vous invite à poursuivre.

Gardons notre planète en bon état le plus longtemps possible.

Montreuil, le 3 mars 2012

Questions/Réponses

L'écho du big bang va-t-il disparaître un jour ?

Le Big bang est ce que nous connaissons de plus ancien dans notre univers. Cela nous dit que l'univers du passé est très différent de l'univers d'aujourd'hui. Aux premiers temps, il y faisait extrêmement chaud, des milliards de degrés, il était extrêmement dense, des milliards de fois plus dense que le plomb, il y avait beaucoup plus de lumière, comme un flash. Le mot Big bang qui évoque une explosion vient de ces caractéristiques. Aujourd'hui, nous nous trouvons dans un univers froid, très peu lumineux, la nuit est noire. L'histoire de l'univers est un refroidissement à partir d'une température très élevée, d'une densité très grande et d'une luminosité très forte. Tout au long de ces 13,7 milliards d'années, l'univers s'est refroidi progressivement. Il reste de ce Big bang – qui est la limite de notre connaissance – une sorte d'écho qu'on retrouve dans le mouvement des galaxies et qui nous permet de l'étudier. Depuis les temps les plus anciens, l'univers se refroidit, quel est son futur ? Il va continuer à se refroidir probablement pendant encore des milliards d'années et ensuite, il y a deux possibilités. Ou bien, il refroidira jusqu'au zéro absolu, plus de mouvement, rien. Ou bien à un certain moment, il se réchauffera, les galaxies qui s'éloignent les unes des autres vont se rassembler et produire un nouveau Big bang : on appelle cela l'univers en accordéon, expansion, contraction. Lequel des deux est la réalité ? Pour l'instant, nous ne le savons pas. Les indications vont plutôt du côté d'un univers en expansion indéfiniment, mais les preuves sont loin d'être solides. Pour l'instant, l'avenir de l'univers à l'échelle de milliards d'années est inconnu, de même que le passé d'ailleurs, ce qui montre qu'au total, nous sommes très limités dans nos connaissances sur des quantités de points dont : « Sommes-nous seuls ? », « Qu'y avait-il avant ? », « Qu'y aura-t-il après ? ». Nous sommes comme des historiens qui essayent d'écrire l'histoire de l'univers, nous avançons dans les deux directions, mais notre connaissance est réduite. Nous savons jusqu'à un point, et au-delà nous ne savons pas encore, c'est un peu la démarche de la science.

Est-ce que la galaxie va disparaître parce qu'il y a un trou noir au centre ?

Effectivement, il existe un trou noir au centre de notre galaxie. Qu'est-ce qu'un trou noir ? Imaginons que cette nuit un malin génie avec de très grandes mains prenne le Soleil et l'écrase jusqu'à trois kilomètres, c'est-à-dire d'à peine la distance entre les deux bords du périphérique parisien. Notre Soleil qui fait un million de kilomètres, deviendrait alors un trou noir. Il serait tellement dense, compact, à cause de cette action que même la lumière ne pourrait pas s'en échapper. Un trou noir est un astre tellement dense que la lumière qu'il émet retombe sur lui comme l'eau jaillissant des fontaines. Est-ce qu'il existe des trous noirs ? Oui, il en existe pratiquement un au centre de chaque galaxie. Nous en avons un plutôt modeste dans la Voie lactée, certaines galaxies en ont de beaucoup plus gros. Ces trous noirs restent là, ils seraient nés en même temps que la galaxie. Peuvent-ils absorber la galaxie où ils se trouvent ? Non, le trou noir est comme un aspirateur géant qui aspire tout ce qu'il y a autour de lui mais qui n'a pas une très grande portée. Il ne peut pas étendre très loin son influence, il avale régulièrement des étoiles, tout ce qui passe près de lui, en particulier lors des collisions. Beaucoup de matière tombe alors sur lui et le réveille, le rend très actif, il pousse de longs jets, il émet des énergies sur toutes les longueurs d'onde, il fait le vide au centre.

Mais nous ne pensons pas pour l'instant qu'il aura une influence importante sur l'avenir de notre galaxie. Cela reste une question.

Qu'est-ce que les étoiles filantes ?

Vous en avez sans doute déjà vu. Autour du dix, onze, douze août, il y a toujours une pluie d'étoiles filantes, vous voyez dans le ciel des traits lumineux, c'est très beau. Une étoile filante n'est pas une étoile, c'est un petit gravillon qui tournait autour du Soleil, et qui, à un moment donné, rencontre l'atmosphère de la Terre, y tombe et là, par frottement sur l'atmosphère, se réchauffe, fond, se vaporise et émet de la lumière. Les étoiles filantes sont des résidus de comètes, d'anciennes comètes qui tournaient autour du Soleil et qui, à force de passer près de lui, se sont vaporisées. On sait par exemple qu'il y a plusieurs pluies d'étoiles filantes à différentes dates, celles du mois d'août s'appellent les Perséides car elles sont surtout dans la constellation de Persée. Il y a aussi des pluies en janvier, en novembre, nous les voyons moins car nous sommes moins facilement dehors. Nous pouvons suivre toute l'histoire de ces anciennes comètes qui se sont disloquées en passant près du Soleil. Certaines tombent même dans le Soleil et entrent en fusion. Nous pensons que les comètes ont joué un rôle important sur la Terre. Les comètes, c'est surtout de la glace et de la poussière comme de la suie. Cette glace qui constitue les comètes est une des principales sources de l'océan. Notre Terre à sa naissance n'avait pas d'eau, elle était sèche et c'est grâce aux comètes qui l'ont bombardée pendant les premières centaines de millions d'années que nous avons acquis de l'eau et la possibilité de la vie. Nous trouvons des tas de rapports intéressants entre notre histoire, notre présence ici et des phénomènes très anciens comme ces bombardements cométaires qui devaient être catastrophiques malgré leur effet positif ultérieur. Une comète qui touche la Terre, cela arrive encore quelques fois, c'est très rare heureusement, cela produit des cratères. La Lune reçoit aussi des comètes mais elle est trop petite pour retenir l'eau, l'eau s'évapore et s'en va dans l'espace. Nous pensons que Mars a eu de la vie au début, mais comme elle est petite aussi, l'eau s'est évaporée. Nous avons de la chance d'avoir une planète consistante capable de retenir l'eau avec son champ de gravité. Nous perdons de l'eau mais très peu, et la vie sur la Terre pourra continuer encore longtemps, si nous y prenons garde.

Vous parlez de l'histoire de « notre » univers, cela sous-entend-il qu'il en existe d'autres ? Quelles pistes ont permis à des astronomes ou à la science de penser qu'il existe d'autres univers ?

On considère que toutes ces galaxies que l'on voit forment notre univers et bien d'autres encore car il y a une limite à notre possibilité de voir loin dans l'espace. Une question récurrente en science aujourd'hui est de savoir s'il n'existerait pas beaucoup d'univers semblables au nôtre, un multivers dont nous ne serions qu'un univers. La question est très débattue. En science, nous aimons avoir des preuves. Il est tout à fait possible qu'il existe d'autres univers. Celui qui voudrait le nier n'aurait aucun fondement pour le faire. Mais pour affirmer qu'il existe d'autres univers, il faut aussi avoir des preuves. Nous n'en disposons pas aujourd'hui, sinon des preuves indirectes assez théoriques et, à mon avis, peu crédibles. La communauté astrophysicienne est assez divisée. Beaucoup pensent que ces preuves sont convaincantes, beaucoup d'autres comme moi sont plutôt sceptiques. Je trouve qu'il est intéressant de se poser ces questions. Si on pouvait trouver quelques évidences aussi faibles soient-elles de l'existence d'un multivers dans lequel notre univers ne serait qu'un univers, ce serait passionnant. Jusqu'ici les preuves sont un peu trop minces pour être vraiment prises au sérieux. Cela reste une question ouverte et intéressante.

La banquise du pôle nord et du pôle sud pourraient-elles fondre à cause du réchauffement climatique ?

Le pôle nord et le pôle sud sont très différents. Le pôle nord, c'est de la glace qui flotte, une plaque de glace qui ne touche pas le fond. Les sous-marins passent facilement dans l'eau liquide en dessous et peuvent mesurer son épaisseur. Nous savons que ce pôle nord fond très rapidement, justement à cause du réchauffement climatique. Nous pensons qu'il a perdu à peu près la moitié de son épaisseur, et nous nous apercevons chaque été que la quantité de glace qui reste au pôle nord décroît de plus en plus. Nous pensons que d'ici vingt-cinq ou trente ans, le pôle nord sera une mer sans glace en été. Cela intéresse beaucoup les navigateurs, on prévoit qu'il y aura une navigation importante qui passera par le pôle nord et qui raccourcira énormément les trajets puisqu'aujourd'hui si on veut aller de l'Europe au Japon il faut passer par le canal de Panama, ce qui rallonge le trajet. Nous prévoyons que d'ici quelques décennies des voies maritimes s'ouvriront au nord du Canada et au nord de la Russie.

Au pôle nord, il y a à peu près cinquante mètres d'épaisseur de glace, au pôle sud il y en a au moins trois à quatre kilomètres. C'est beaucoup plus important, la plaque de glace antarctique touche le sol qui est en dessous. Elle fond aussi mais comme il y a beaucoup plus de glace, on peut espérer que nous parviendrons à freiner le réchauffement climatique. Mais si nous n'y parvenons pas, ce qui n'est pas impossible, si le pôle sud fond, le niveau de l'eau augmentera de soixante-dix mètres. Cela veut dire que des villes comme New York seront atteintes, ainsi qu'une bonne partie des côtes de France. Ce n'est pas avant cent ou deux cent ans, mais cela reste une hypothèse. Il y a eu des périodes où le pôle sud n'avait pas de glace. Dans le passé, au temps des dinosaures par exemple, il n'y avait pas de glace sur la Terre, la température était de dix degrés supérieure à aujourd'hui, il faisait vingt-cinq degrés en moyenne sur la Terre, alors qu'aujourd'hui, il fait quinze degrés en moyenne. Il y a eu des alternances par le passé. Nous sommes dans une période de réchauffement provoqué cette fois par l'humanité. Personne ne sait jusqu'où elle va aller, mais tout est possible.

L'univers va-t-il partir un jour ?

Ta question concerne l'avenir de l'univers, et comme je l'ai dit il existe deux possibilités : ou bien il va continuer à se refroidir sur des milliards d'années, ou bien après un certain temps, il va cesser de se refroidir et commencer à se réchauffer. Personne ne peut dire exactement ce qui va se passer. Pour l'instant, la question est de savoir ce qui va lui arriver, c'est plutôt comme cela que la question se pose. Est-ce qu'il sera encore habité à ce moment-là, est-ce qu'il y aura encore des gens ? Si c'est trop chaud, ça ne sera pas vivable. Trop froid n'est pas un problème, ce qui importe, c'est d'avoir une étoile qui nous réchauffe, ça ne nous dérange pas que l'univers soit froid. Cette étoile qui nous tient chaud va mourir dans cinq milliards d'années, mais d'autres étoiles vont vivre encore. Beaucoup de gens ont essayé de prévoir ce qui allait se passer, mais notre connaissance ne s'étend pas encore très loin dans le futur.

Est-ce vrai qu'une comète a frôlé la terre récemment ?

Il y a beaucoup de comètes dans le ciel et nous en voyons plusieurs par année. L'une d'elles a été visible par les amateurs mais elle n'a pas frôlé la Terre, elle était quand même assez loin. On observe beaucoup le ciel pour savoir si des météorites, des astéroïdes ou des corps pourraient frapper la Terre, un peu comme dans *L'Étoile mystérieuse* de Hergé. Cela a souvent eu lieu dans le passé, les dinosaures ont été exterminés par une pierre du ciel, un caillou gros comme une montagne qui a frappé la Terre il y a quelques millions d'années. Cela se produit régulièrement, il y a toujours des petites pierres qui frappent la Terre, comme les étoiles filantes. Heureusement, plus elles sont grosses plus elles sont rares. La probabilité d'avoir un vrai dommage est assez faible. On se demande ce qu'on ferait si on découvrait que la trajectoire d'un astéroïde va rencontrer la Terre. Nous les avons répertoriés, nous connaissons leur orbite, pour l'instant aucune ne risque de frapper la Terre mais cela pourrait venir. Si nous le constatons à temps, nous pourrions le faire dévier, mais nous pouvons le faire pour les très gros cailloux seulement, jusqu'à un kilomètre, pas pour un caillou de cent mètres et un caillou de cent mètres qui frapperait une grosse ville ce serait catastrophique. Heureusement, la Terre est faite à 70 % d'eau, la probabilité est donc plus grande que les cailloux tombent dans l'océan, c'est d'ailleurs ce qui se passe généralement. Cependant, en 1908, une grosse comète a frappé la Sibérie dans une région désertique, énormément d'animaux sont morts. Heureusement, il n'y avait pas d'humains dans ce coin là. Nous essayons de répertorier les astéroïdes, de les suivre avec des télescopes puissants, en particulier aux États Unis.

Est-ce que dans vingt ans la neige aura disparu ?

Non, la neige va continuer à tomber même si la Terre se réchauffe, à moins que la température ne monte comme au temps des dinosaures, mais cela prendrait certainement plusieurs siècles. Aujourd'hui, nous avons toujours autant de neige, nous connaissons des hivers très froids, mais différents selon les endroits. Le réchauffement climatique a pour effet d'assécher les régions du midi, du sud, et de rendre plus pluvieuses les régions du nord. Les écarts de température, les grands froids, les grandes chaleurs, deviennent de plus en plus probables. Un des effets du réchauffement climatique est précisément que les extrêmes deviennent plus importants. Les tempêtes sont plus nombreuses, plus puissantes, les froids, les canicules de plus en plus forts.

Est-ce que les galaxies se déplacent dans l'univers ?

Oui, nous avons mesuré les mouvements de toutes les galaxies que nous observons, certaines s'éloignent de nous, d'autres se rapprochent. Les galaxies très proches l'une de l'autre se rapprochent encore plus et ont des chances de rentrer en collision, une collusion vaporeuse donc, elles se pénètrent lentement et cela produit toutes ces étoiles.

S'il n'y a plus de poissons comment allons-nous faire pour nourrir toute la terre ?

Cela fait partie des problèmes que nous avons aujourd'hui. Nous faisons de plus en plus d'aquaculture et donc d'élevages de poissons et nous essayons d'intensifier l'agriculture parce que nous sommes de plus en plus nombreux sur Terre, et que les problèmes de faim vont se poser de façon toujours plus grave. Cette question de la nourriture est une menace qui pèse sur nous. Aujourd'hui nous avons dépassé les sept milliards de personnes, nous prévoyons que la population va atteindre neuf milliards en 2050. Nous pensons qu'après, la population diminuera, mais cela est loin d'être certain. C'est un des problèmes de l'avenir, comment nourrir tout ce monde ?

Existe-t-il une vitesse plus rapide que la vitesse de la lumière ?

Oui, les galaxies qui s'éloignent les unes des autres vont plus vite que la lumière.

C'est en fait parce que ce ne sont pas de vraies vitesses, c'est l'espace qui est en expansion, c'est un peu comme si tu dessines sur une membrane de caoutchouc des petites étoiles, et ensuite tu tires sur la membrane, les petites étoiles vont s'éloigner aussi vite qu'on voudra. La limite de la vitesse de la lumière existe pour les corps qui sont vraiment en mouvement. Les galaxies qui sont très lointaines s'éloignent beaucoup plus vite que la vitesse de la lumière. C'est pour cela que nous ne pouvons pas les voir et c'est cela qui fait notre horizon.

Quelle est la différence entre l'astronomie et l'astrologie ?

Ce sont deux domaines très différents. Dans le passé, les gens regardaient le ciel et ils observaient des phénomènes, des éclipses, des comètes. Ils pensaient que ce qui se passait dans le ciel influençait leur avenir. On pensait par exemple que la constellation dans laquelle le Soleil se trouve à notre naissance influence l'avenir. C'est une croyance que les scientifiques ne partagent plus aujourd'hui car nous n'avons aucune preuve que les étoiles influencent notre avenir. Des gens y croient, je les respecte, chacun a droit à sa pensée. Les scientifiques ne connaissent aucune preuve de cela. Nous sommes très sceptiques, nous aimons croire les choses mais seulement quand nous avons des preuves, c'est pour cela que ces deux domaines se sont séparés il y a un siècle ou deux. Je pourrais dire par exemple, même si c'est un peu rapide, que les astronomes sont ceux qui ne croient pas que le ciel peut prédire notre avenir ou notre tempérament, tout ce qui fait le domaine de l'astrologie. Cela fait une bonne séparation entre les deux groupes.

Combien d'étoiles meurent en une année ?

Il y en a dans chaque galaxie. Aujourd'hui, dans notre galaxie deux ou trois étoiles meurent chaque année, le même nombre que les étoiles qui naissent. Mais ceci a lieu dans chaque galaxie, or le nombre de galaxies est très grand puisque nous pouvons en voir plus de cent milliards et, encore une fois, nous ne voyons pas tout. Celles qui s'éloignent de nous plus vite que la vitesse de la lumière, nous ne pouvons pas les voir, donc nous ne pouvons rien dire. Il y a aussi la possibilité que nous avons mentionnée tantôt qu'il existe d'autres univers que le nôtre. Nous ne pouvons donc pas répondre à cette question.

Comment avons-nous fait pour connaître l'âge du soleil ?

Une étoile, c'est comme une voiture, il faut mettre de l'essence dans le réservoir. On peut savoir quel trajet on va faire si on ne fait pas le plein à nouveau. Tu peux faire six cent kilomètres et si tu ne vas pas à la pompe, ta voiture va s'arrêter parce que tu as épuisé ton énergie. Le Soleil est aussi quelque chose qui a besoin d'énergie, il brille, il est très chaud, il émet beaucoup de lumière parce qu'il y a des réactions nucléaires, exactement comme dans ta voiture, il y a de l'essence. Le Soleil a un carburant qui est l'hydrogène et nous pouvons calculer combien de temps le Soleil peut briller avec la quantité de carburant qu'il a, c'est comme ça qu'on peut mesurer son âge.

Est-ce qu'il y avait deux lunes avant ?

Nous n'avons aucune preuve qu'il ait existé deux lunes, il y en a peut-être eu deux mais nous ne le savons pas. Et nous ne possédons pas le moyen de le savoir.

La lune ne vient-elle pas de la terre ? N'y a-t-il pas une théorie selon laquelle la lune est un fragment de la terre ?

La théorie plus répandue veut que la Lune soit née de la collision d'une planète de la dimension de Mars (qui fait le dixième de la Terre), avec notre Terre, il y a quelques millions d'années après sa naissance, et qu'elle aurait éjecté une quantité de matière qui aurait formé la Lune.

J'ai lu que dans un des satellites de Jupiter, il y a de la glace.

La plupart des satellites de Jupiter sont des blocs de glace à 50 %, il y a Europe et Encelade. Quand on envoie des sondes pour les photographier, on a l'impression de survoler l'océan arctique, on voit de la glace et nous savons qu'en dessous il y a de l'eau liquide. C'est un des endroits où on se dit qu'il y aura peut-être de la vie. Des missions sont prévues pour creuser cette question, il n'est pas impossible qu'on trouve des êtres vivants, pas des girafes ou des éléphants, mais des bactéries qui vivraient dans les glaces des satellites de Jupiter et de Saturne aussi.

Qu'y a-t-il après l'univers ?

Nous ne savons pas. Tout à l'heure nous nous sommes demandé si notre univers n'est qu'un univers parmi beaucoup d'autres univers, ce qu'on appelle le multivers, ou encore le plurivers. Pour l'instant, nous n'avons pas de preuves, pas de connaissances. C'est une hypothèse qui est prise au sérieux par beaucoup de gens mais qui pour l'instant reste assez théorique.

Je voudrais savoir d'où vient la régularité des pluies d'étoiles filantes qui ont lieu tous les mois d'août ?

La comète qui a donné naissance à cette pluie d'étoiles filantes s'est désintégrée et tous ces fragments sont restés sur son orbite, comme un anneau qui entoure le soleil, une région où il y a plus de débris. Cette régularité des pluies d'étoiles filantes est due au fait que la Terre tourne autour du soleil et traverse cet anneau toujours à la même période. C'est au moment où la Terre rentre dans une région où il y a beaucoup de petits débris.